Christian Block

Die prinzipielle Funktionsweise des kontaktlosen Chips (RFID) und dessen Anwendung im Waren- und Logistik-bereich

GRIN Verlag

Impressum:

Copyright © 2008 GRIN Verlag GmbH
Druck und Bindung: Books on Demand GmbH, Norderstedt Germany
ISBN: 978-3-656-43648-5

Städtisches Gymnasium
Wermelskirchen

Fach:

__Physik__

Die prinzipielle Funktionsweise des kontaktlosen Chips (RFID) und dessen Anwendung im Waren- und Logistikbereich

vorgelegt von: __Christian Block__

Jgst: _____12_____　　　Kurs: _____ph2_____

Abgabedatum: _____15.02.2008_____

Vorwort

In dieser Facharbeit möchte ich die Funktionswiese von RFID (Radio-Frequency-Identification) für Schüler und Laien verständlich beschreiben und erklären. Dabei werde ich vor allem, wie bereits aus der Themenwahl ersichtlich, auf das Prinzip und auf die physikalischen Grundlagen eingehen, diese an Beispielen veranschaulichen und deren Anwendung am Beispiel der Logistik verdeutlichen.

Mein Interesse an diesem Thema entwickelte sich daraus, dass ich zum einen auf der Suche nach einem sehr aktuellen Thema war und zum anderen ein Thema behandeln wollte, welches uns im Alltag häufig begegnet und vielleicht schon in kurzer Zeit nicht mehr wegzudenken sein wird. Ich wollte zeigen, dass hinter vielen Dingen angefangen bei Diebstahlsicherungen über Wegfahrsperren im Auto bis hin zum elektronischen Türschlössern, welche meist kontaktlos sind, keine geheime Kraft herrscht, sondern eine Technik auf physikalischen Grundlagen.

Die Schwierigkeiten, die bei der Erstellung der Arbeit entstanden sind, sind die, dass RFID ein sehr komplexes Themengebiet ist und ein breites Spektrum der Physik und den dazugehörigen fachlichen Stoff voraussetzt. Diesen muss man sich zuerst aneignen, um die meist auf Studenten oder Ingenieure abgestimmte Literatur zu verstehen und diese wie hier präzise wiederzugeben und zu erklären.

Auf Grund der breiten fachlichen Voraussetzungen und Menge konnte ich somit nicht immer auf den Hintergrund eingehen, sondern musste mich auf die Prinzipien beschränken und habe mein Augenmerk auf die am häufigsten verwendeten Arten der Stromversorgung und Datenübertragung gelegt.

Inhaltsverzeichnis

1. Einleitung

Ihnen ist es bestimmt auch schon einmal passiert, dass Sie im Geschäft ein Kleidungsstück gekauft haben und beim Verlassen des Geschäftes der Diebstahlschutz Alarm schlägt, obwohl Sie es doch an der Kasse bezahlt haben. Die Sicherung des Produktes wurde wieder einmal nicht deaktiviert oder vom Produkt entfernt. Sie gehen zurück lassen die Sicherung entfernen und beim Verlassen des Geschäfts piepst es nicht mehr.

Doch wie funktioniert dieser Diebstahlschutz? Wie merkt ein System, welches ohne Kameras oder menschliche Beobachtung arbeitet, dass soeben ein Produkt mit einem Diebstahlschutz den Laden verlässt? Es ist doch meistens in der Tasche und kann nicht erkannt werden.

Das Geheimnis liegt in der RFID-Technik.

„Der englische Begriff Radio Frequency Identification (...) (RFID) bedeutet im Deutschen Identifizierung mit Hilfe von Hochfrequenz. RFID ist ein Verfahren zur automatischen Identifizierung von Gegenständen und Lebewesen. Neben der berührungslosen Identifizierung und der Lokalisierung von Gegenständen steht RFID auch für die automatische Erfassung und Speicherung von Daten.“ [1]

> „Die technischen Verfahren hierzu wurden aus der Funk- und Radartechnik übernommen.“ [2]

Aber nicht nur im Diebstahlschutz wird diese weiterentwickelte Technik eingesetzt. Ihre Einsatzgebiete und die Ausführungen der Systeme scheinen unbegrenzt. RFID bietet eine kontaktlose Identifikation von Gegenständen und Lebewesen. So kommt diese Technik vor allem in der Logistik zum Einsatz und hat dort die verbreitetste Form der Identifikation, den Barcode, bald verdrängt.

> „Der Barcode ist ein numerischer Code, er besteht aus parallelen Strichen unterschiedlicher Breite. [...] Die Information ist entweder nur in der Strichbreite enthalten oder in der Strichbreite und der Breite der Lücke.“ [3]

Im folgenden Text wird zunächst die Funktionsweise dieser Technik mit den dazugehörigen physikalischen Grundlagen geschildert. Im Anschluss daran werden weitere Einsatz-Beispiele der Logistik aufgeführt.

---

[1] http://de.wikipedia.org/wiki/RFID (11.01.2008)

[2] Finkenzeller K. (2006), RFID Handbuch - Grundlagen und praktische Anwendungen induktiver Funkanlagen, Transponder und kontaktloser Chipkarten, 4.Auflage, Hanser-Verlag, S.6f.

[3] http://www.eda.fh-aalen.de/Projekte/identsyst/Dokumente/rfid.pdf (25.11.2008, S.2)

2. Das RFID-Prinzip

In diesem Kapitel werden die zwei Komponenten der RFID-Technik vorgestellt, nämlich der Transponder und das Lesegerät. Des Weiteren wird geschildert wie diese beiden Geräte oder System-Bauteile in Verbindung stehen. Es werden nicht nur die auf dem Transponder bzw. Chip enthaltenen Daten gesendet, sondern auch die Energie, die dafür zur Verfügung stehen muss, wird vom Lesegerät an den Transponder übermittelt. Deshalb wird die Energieversorgung und die Datenübertragung zwischen diesen Bauteilen unter Zuhilfenahme der physikalischen Grundlagen erklärt. Es kann in dieser Arbeit jedoch – wie im Vorwort geschildert – nur auf die weit verbreitetsten Möglichkeiten eingegangen werden.

2.1 Der Transponder

„Transponder: Übertragungseinheit aus Empfänger und Sender (transmitter), die nach Aufforderung antwortend (respond) Informationen zurücksendet." [4]

Der Transponder ist der „eigentliche Datenträger", der „in der Regel keine eigene Spannungsversorgung [...] besitzt". Diesen Typ nennt man daher auch passiven Transponder, da er nur in der Nähe der anderen System-Komponente aktiv wird. Er „besteht üblicherweise aus einem *Koppelelement* sowie einem elektronischen *Mikrochip*".[5] Das Koppelelement ist meist eine Spule oder Antenne, welche zum Energie- und Datenaustausch genutzt wird.

In den meisten Fällen ist der Transponder mit einem festen Datensatz beschrieben, diese Form heißt „Read-Only-Transponder". Die zweite Form heißt „Read-Write -Transponder", diese Transponder sind wiederbeschreibbar, enthalten „Computerfunktionalität" und sind in manchen Fällen sogar mit einem Sensor bestückt.[6]

2.2 Das Lesegerät

Die andere Komponente ist das Lesegerät, welches die Energie für den Transponder zur Verfügung stellt und die Daten vom Transponder empfängt. Es

---

[4] Bäumer, Klaus, http://www.fgf.de/fup/themen/inhalte-themenforum/NL_01-05/RFID_Redselige_Plaettchen_01-05d.pdf (25.11.2008, S.5)
[5] Finkenzeller, a.a.O., S.8f.
[6] Bäumer, Klaus, a.a.O., S.2

besteht aus einem Hochfrequenzmodul, einer Kontrolleinheit und wiederum aus einem Koppelelement[7], welches auch hier wieder aus einer Spule und einem Kondensator, welche parallel geschaltet sind, besteht.

Auch wenn es Geräte gibt mit denen die Transponder beschrieben werden können, wurde in dieser Arbeit auf Grund des häufigeren Gebrauchs die Formulierung *Lesegerät* gewählt.

2.3 Stromversorgung

Wenn der Transponder wie in den meisten Fällen passiv ist, muss die Energie wie erwähnt vom Lesegerät bereitgestellt werden. Hierfür stehen zwei Möglichkeiten zur Verfügung, nämlich die induktive und kapazitive Kopplung.

Bei den passiven Transpondern müssen große Energiemengen zum Transponder übertragen werden, damit der Chip arbeiten kann. Bei aktiven Transpondern, welche eine eigene Stromversorgung besitzen, muss nur eine kleine Energie induziert werden. Aktive Transponder sind außerhalb des Ansprechbereiches im Standby Zustand und werden durch eine geringe Energie 'geweckt', wobei die passive Variante außerhalb des Ansprechbereiches völlig inaktiv ist.

Bei der induktiven Kopplung „erzeugt das Lesegerät [...] ein hochfrequentes Magnetfeld", welches in die Spule oder Antenne des Transponders induziert wird. Im Transponder befindet sich neben der Spule noch eine Kapazität, welche üblicherweise parallel geschaltet ist. „So entsteht ein Parallelschwingkreis. Die Resonanzfrequenz des Schwingkreises entspricht der Sendefrequenz"[8].

2.3.1 Resonanzfrequenz / Schwingkreis

Jedes schwingungsfähige System besitzt eine Frequenz, „mit der das System nach einmaliger Anregung schwingen kann". Wenn ein System mit einer Frequenz, welche seiner Eigenfrequenz entspricht, in Schwingung gebracht wird, „reagiert das System mit besonders großen Amplituden"[9]. Da man diesen Vorgang als Resonanz bezeichnet, nennt man diese Frequenz auch Resonanzfrequenz. Wird das System nun durch periodisches Anregen mit eben dieser bestimmten Frequenz zum Schwingen gebracht, erfährt die Schwingungsamplitude eine Aufschaukelung. „In Resonanz kann die Amplitude des schwingungsfähigen

---

[7] vgl. Finkenzeller, a.a.O., S.7
[8] Finkenzeller, Klaus, http://www.rfid-handbook.de/downloads/fs9819040.pdf (25.11.2007, S.1)
[9] http://de.wikipedia.org/wiki/Eigenfrequenz (18.12.2007)

Systems im Vergleich zur Amplitude der anregenden Schwingung immer größer werden [...]."[10] Den Aufbau und Ablauf einer Schwingung kann man der Abbildung 1 entnehmen. „Als Beispiele für solche Schwingungssysteme seien [...], elektromagnetische Schwingkreise usw."[11]

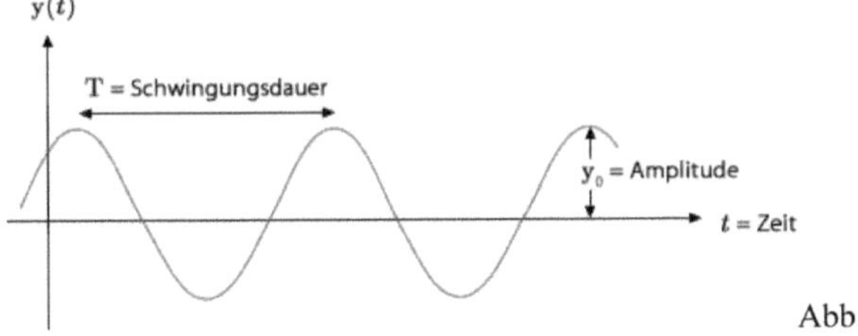

Abb. 1

"Die Resonanzfrequenz des Parallelschwingkreises ergibt sich aus der Thomson-Gleichung:"[12]

$$f = \frac{1}{\left(2 * \pi * \sqrt{L * C}\right)}$$

C ist die Kapazität und L die Induktivität einer Spule, welche sich ebenfalls mit folgender Gleichung berechnen lässt:

$$L = \frac{N * \Phi}{I} \qquad (13)$$

Elektromagnetische Schwingkreise (siehe Abbildung 2), wie sie auch in den beiden RFID-System Komponenten zum Einsatz kommen, bestehen meist aus einer Spule mit der Induktivität L und

Abb. 2   einem Kondensator mit der Kapazität C. Wird in die Spule Strom induziert oder der Kondensator aufgeladen „findet eine periodische Energieumwandlung zwischen elektrischer und magnetischer Energieform statt"[14].

2.3.2 induktive Kopplung

Die induktive Kopplung beim RFID-System kann auch als „*transformatorische Kopplung*"[15] bezeichnet werden. Da das Lesegerät und der Transponder ähnlich wie bei einem Transformator angeordnet sind.

Allgemein versteht man unter induktiver Kopplung die „Übertragung von Energie

---

[10]   http://de.wikipedia.org/wiki/Resonanz_(Physik) (18.12.2007)
[11]   http://de.wikipedia.org/wiki/Resonanzfrequenz (18.12.2007)
[12]   Finkenzeller, a.a.O., S.78
[13]   Finkenzeller, a.a.O., S.72
[14]   Metzler Physik, Joachim Grehn (Hg.), 1998, 2. Auflage, Schrödel Schulbuchverlag, S.270
[15]   Finkenzeller, a.a.O., S.46

durch ein gemeinsames Magnetfeld"[16] von einem Gerät auf ein zweites, welches durch Änderung der Stromstärke im ersten Leiter erzeugt wird. In Abbildung 3 ist dies schematisch dargestellt.

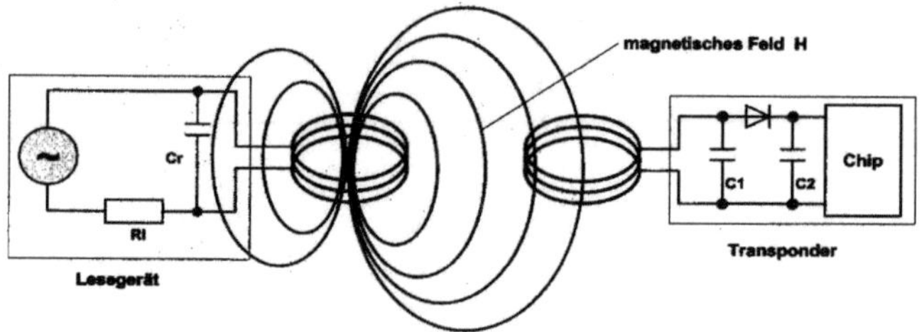

Abb. 3

Das Lesegerät erzeugt wie oben erwähnt ein hochfrequentes magnetisches Wechselfeld, welches in der Transponderspule eine Spannung induziert. Wobei anzumerken ist, dass die Frequenzen bei der Induktion jedoch niedriger sind als die der kapazitiven Kopplung. Da der induktive Widerstand X_L mit zunehmender Frequenz steigt. [17]

$$X_L = 2 * \pi * f * L$$

Um bei größeren Entfernungen jedoch noch eine hohe Effizienz zu erhalten, schaltet man, wie bereits in Abschnitt 2.1 und 2.2 erwähnt, zu den Spulen im Lesegerät und Transponder jeweils einen Kondensator parallel. Die so entstehenden Schwingkreise müssen dann in ihrer Resonanzfrequenz übereinstimmen.

Diese Spannungsüberhöhung ist in Abbildung 4 verdeutlicht. Eine genauere Berechnung zu dieser Überhöhung findet man bei Finkenzeller auf S. 78ff..

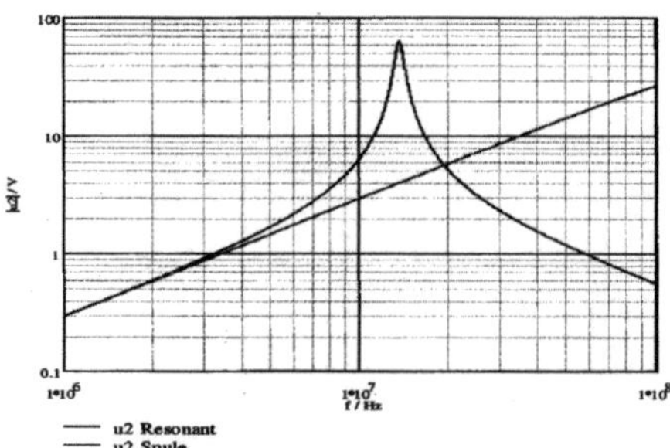

Abb. 4.14   Spannungsverlauf an einer Transponderspule im Frequenzbereich 1 bis 100 MHz, bei konstanter magnetischer Feldstärke H bzw. konstantem Strom i_1. Eine Transponderspule mit Parallelkondensator zeigt eine deutliche Spannungsüberhöhung, bei Anregung auf der Resonanzfrequenz (f_{RES} = 13,56 MHz).

Abb. 4

---

[16]   http://de.wikipedia.org/wiki/Induktive_Kopplung (01.12.2007)
[17]   vgl. Dorn-Bader, Physik, Gymnasium Sek. 2, 2005, Schroedel-Verlag S.78f.

Doch wie wird nun die Spannung induziert? Da die Transponder-Spule nicht im Magnetfeld bewegt wird sondern meist - wie es in der Logistik meistens der Fall ist - als Ettiket auf einem Gut ruht, muss ein elektromagnetisches Wechselfeld erzeugt werden, wodurch es zu einer zeitlichen Veränderung des magnetischen Flusses (s.u.) bzw. der magnetischen Flussdichte kommt.

Denn „ein Induktionsspannungsstoß entsteht bei jeder zeitlichen Änderung des magnetischen Flusses, der die Induktionsspule durchsetzt"[18], wobei die Induktionsspule in diesem Falle die Transponderspule ist. Somit kann bei zeitlicher Änderung des Magnetfeldes auch eine Spannung in einen ruhenden Leiter induziert werden. Hierbei kann die Spannung dann mit folgender Formel berechnet werden:

$$U_{ind}(t) = n * A_s * \Delta B / \Delta t$$

„Eine Spule mit n Windungen und konstanter Fläche A_s ruhe in einem fremden Magnetfeld mit der Flussdichte B. Ändert sich die magnetische Flussdichte B, so wird in der Spule die Spannung U_{ind} induziert" [19]

Durch substituieren des magnetischen Fluss Φ

$$\Phi = B * A_s$$

Einheit: 1Weber = 1Wb = 1Vs

in die obige Gleichung erhält man das Induktionsgesetz:

$$U_{ind} = \frac{-n * d\Phi}{dt}$$

Somit sind zum einen die Änderung der durchsetzten Fläche A_s und die Änderung der magnetischen Flussdichte, welche bei der RFID-Technik zu berücksichtigen ist in einer Gleichung zusammengefasst.[20]

Die Gleichung wird meist auf Grund der Lenzschen Regel mit negativem Vorzeichen geschrieben, da er sagte: „Der Induktionsstrom ist stets so gerichtet, daß [!sic] er den Vorgang [...], der ihn hervorruft, zu hemmen sucht."[21]

Durch das Wechselfeld wird somit ein Wechselstrom induziert. Diese „[Wechsel]spannung wird gleichgerichtet"[22] und dient dann dem Chip des Transponders als Spannungsversorgung mit Gleichstrom. Denn unter

---

[18] Dobrinski/Krakau/Vogel, Physik für Ingenieure, B.G.Teubner Stuttgart, 1980, S.261
[19] Dorn-Bader, a.a.O., S.94
[20] vgl. Dobrinski/Krakau/Vogel, a.a.O., S.253
[21] Dobrinski/Krakau/Vogel, a.a.O., S.259
[22] Finkenzeller, a.a.O., S.44

'gleichrichten' versteht man die Umwandlung einer Wechselspannung jeglicher Frequenz in eine Gleichspannung.

Die magnetische Flussdichte B und die magnetische Feldstärke H stehen wie in folgender Gleichung ersichtlich zueinander:

$$B = \mu_0 * H$$ μ_0=magnetische Feldkonstante ; $\mu_0 = 4\pi * 10^{-6} Vs/Am$ [23]

Um die magnetische Flussdichte, welche vom Lesegerät erzeugt wird, berechnen zu können, kann man mit folgender Formel [24] die Feldstärke H bestimmen:

$$H = \frac{I * N * R^2}{\left(2 * \sqrt{(R^2 + x^2)^3}\right)}$$

N: Anzahl der Windungen ; R:Kreisradius r; x: Abstand zur Spulenmitte in x-Richtung; Randbedingungen: d << R und r < $\lambda/2\pi$

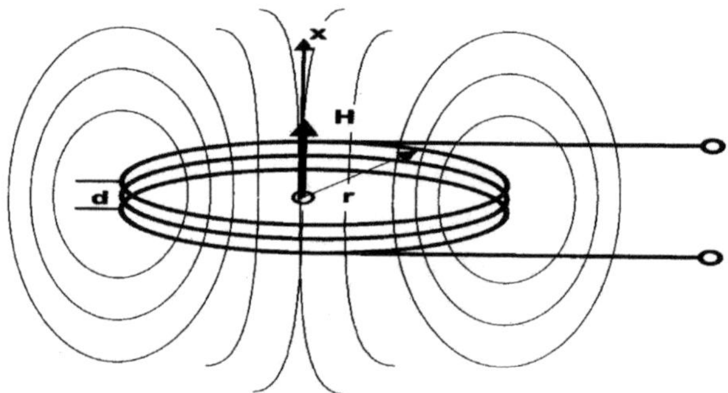

Abb. 5

Die Randbedingung r < $\lambda/2\pi$ liegt dem Übergang vom elektromagnetischen Nahfeld ins Fernfeld zugrunde, welcher durch den Zusammenhang vom magnetischen und elektrischen Feld entsteht.

„Bei der Ausbreitung des magnetischen Feldes bildet sich durch Induktion zunehmend auch ein elektrisches Feld aus [...]. Das ursprüngliche rein magnetische Feld geht so kontinuierlich in ein elektromagnetisches Feld über. In der Entfernung $\lambda/2\pi$ beginnt sich zusätzlich das elektromagnetische Feld von der Antenne abzulösen und als elektromagnetische Welle in den Raum zu wandern," [25]

λ ist die Wellenlänge, welche den Abstand zwischen zwei Feldwirbeln beschreibt, und kann mit der Formel

$$\lambda = \frac{c}{f}$$

---

[23] Finkenzeller, a.a.O., S.71
[24] Finkenzeller, a.a.O., S.68
[25] Finkenzeller, a.a.O., S.121

berechnet werden. c gibt die Lichtgeschwindigkeit ($\approx$ 300.000km/s) und f die Frequenz der Strahlung an. Beispielsweise hat die Frequenz von 433MHz die Wellenlänge von 69cm. [26]

Dieses Phänomen vom Übergang vom Nah- zum Fernfeld hat, wie später zu sehen sein wird, auch erhebliche Auswirkungen auf die Datenübertragung.

2.3.3 Kapazitive Kopplung

Bei der kapazitiven bzw. elektrischen Kopplung sind Lesegerät und Transponder nicht über ein Magnetfeld miteinander verbunden, sondern es „werden Plattenkondensatoren aus zueinander isolierten Koppelflächen gebildet"[27]. Transponder und Lesegerät müssen hierbei immer parallel zueinander angeordnet sein. Liegen die Koppelflächen parallel zueinander und erzeugt das Lesegerät ein hochfrequentes elektrisches Feld, besteht zwischen den Elektroden des Transponders eine Spannung. Im Gegensatz zur induktiven Kopplung ist zu ergänzen, dass „eine kapazitive Kopplung mit wachsender Frequenz zunimmt"[28], da der Kapazitive Widerstand eines Kondensators X_C mit abnehmender Frequenz steigt.[29]

$$X_C = \frac{1}{(2*\pi*f*C)}$$

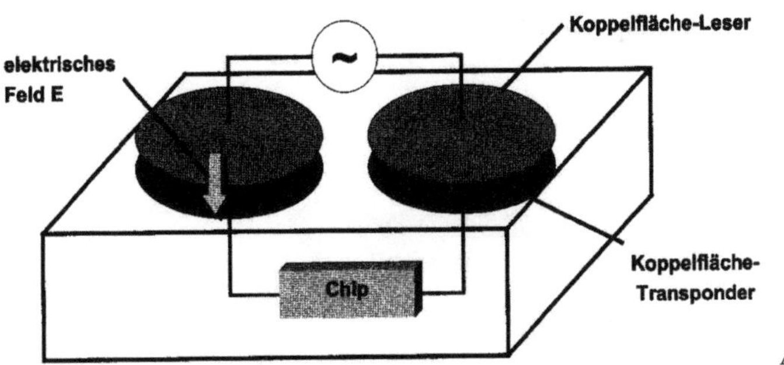

Abb. 6

Eine Schema zu dieser Kopplungsvariante ist in Abbildung 6 abgebildet.

Dieses Verfahren kann jedoch nur im sogenannten Close-Coupling-Bereich verwendet werden, da die Abstände der Koppelflächen nicht zu groß sein dürfen. Die unterschiedlichen Reichweiten werden im Kapitel 2.5 behandelt.

---

[26] vgl. Finkenzeller, a.a.O., S.121
[27] Finkenzeller, a.a.O., S.54f.
[28] http://de.wikipedia.org/wiki/Kapazitive_Kopplung (01.12.2007)
[29] vgl. Dorn-Bader, a.a.O., S.78f.

2.4 Datenübertragung

Das folgende Kapitel beschreibt den Datenaustausch zwischen Lesegerät und Transponder. Generell sollte an dieser Stelle ergänzt werden, dass man zwischen zwei RFID-Verfahren unterscheiden muss. Nämlich dem Voll- und Halbduplexverfahren, wobei diese zwei Verfahren wiederum verschiedene Übertragungstechniken nutzen.

Beim Voll- und Halbduplexverfahren finden Energie- und Datenübertragung gleichzeitig statt. Nur der Datenaustausch in die beiden Richtungen ist beim Halbduplexverfahren zeitversetzt.

Den Datenstrom vom *Transponder→Lesegerät* nennt man auch den „Uplink", in umgekehrter Richtung nennt man ihn den „Downlink".[30]

Da die Transponder, abgesehen von den sogenannten 1Bit-Transpondern, welche nur „als sich im Ansprechbereich befindend" erkannt werden, Informationen übertragen sollen, müssen die auf den Chips gespeicherten Daten in Schwingungen umgewandelt werden.

Hierzu ist zu sagen, dass aus der in der Chipkartenspule induzierte Wechselspannung zusätzlich eine Taktfrequenz abgeleitet wird.

Zur Datenübertragung muss diese Frequenz nun den Daten entsprechend moduliert werden. „Durch Modulation [...] erhält die Trägerfrequenz die eigentliche Information aufgedrückt."[31]

2.4.1 1-Bit-Transponder

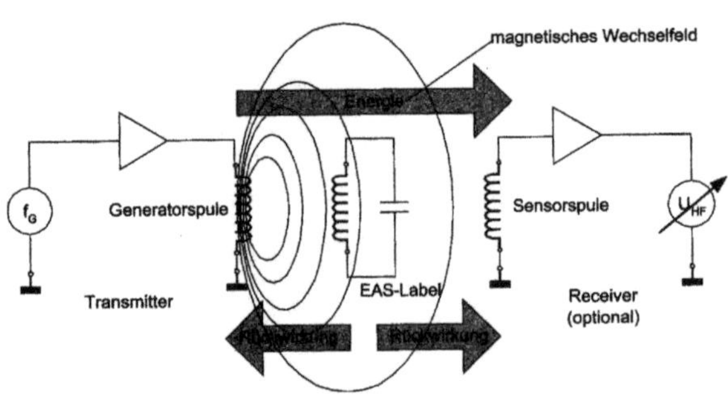

Abb. 3.2   Funktionsprinzip des EAS-Radiofrequenzverfahrens.

Abb. 7

[30] Finkenzeller, Klaus, http://www.rfid-handbook.de/downloads/fs9819040.pdf (25.11.2007, S.1)
[31] Erb, Ernst, http://www.radiomuseum.org/forumdata/upload/332-335_Sendeprinzipien.pdf (25.11.2007, S.4)

Der 1-Bit-Transponder ist chiplos und besteht beim Radiofrequenz-Verfahren nur aus einem Schwingkreis (Abbildung 7). Es existieren somit auch „nur zwei Systemzustände [...]: `Transponder im Ansprechbereich´ oder `**kein** Transponder im Ansprechbereich´"[32]. Man kann somit von keiner expliziten Datenübertragung sprechen, jedoch von einem Erkennen des Transponders.

Doch wie wird nun ein Schwingkreis in einem magnetischen Wechselfeld erkannt? - Befindet sich ein solcher Transponder im Feld eines Lesegeräts wird in seine Spule eine Spannung induziert. „Der dadurch im Schwingkreis fließende Strom wirkt seiner Ursache, also dem von außen einwirkenden magnetischen Wechselfeld entgegen."[33] Das Entgegenwirken des Schwingkreises „entspricht der `Lenzschen Regel´"[34] und führt zu einem Spannungsabfall in der Spule des Lesegeräts oder anders ausgedrückt zu einer Abschwächung der Feldstärke.

Grund für die Abschwächung ist die Impedanz, das heißt der Wechselstromwiderstand Z, welcher nicht als Einzelobjekt in einer Schaltung auftaucht, sondern der Betrag aus Wirk- und Blindwiderstand ist:

$$Z = \sqrt{R^2 + X^2}$$

Man spricht daher auch von einem Scheinwiderstand des jeweiligen Bauteils. [35]

Spannungs - oder Feldstärkeänderung sind messbare Größen, welche bei Änderung den Transponder als erkannt melden.

Man kann also sagen, dass die 1-Bit-Transponder „durch die Anwendung einfacher physikalischer Effekte [...] realisiert werden"[36].

Andere Effekte sind zum Beispiel die Entstehung von Harmonischen, das heißt die Vervielfachung der Frequenz, im Mikrowellenbereich. Im Langwellenbereich befindet sich im Gegensatz dazu im Transponder ein Chip, welcher die Frequenz halbiert.[37]

2.4.2 Lastmodulation

Enthält der Transponder im Ansprechbereich des Lesegeräts nun im Vergleich zum 1-Bit-Transponder einen Chip auf dem Daten gespeichert sind, werden diese Daten an das Lesegerät gesendet. Dazu ist die Lastmodulation „das mit Abstand

---

[32] Finkenzeller, a.a.O., S.32
[33] Finkenzeller, a.a.O., S.32f.
[34] Finkenzeller, a.a.O., S.93
[35] vgl. http://de.wikipedia.org/wiki/Impedanz (30.12.2007)
[36] Finkenzeller, a.a.O., S.42
[37] vgl. Finkenzeller, a.a.O., S.35ff.

am häufigsten eingesetzte Verfahren zur Datenübertragung"[38].

Auch bei dieser Modulationsart spielt die in Kapitel 2.3.2 erklärte Unterscheidung zwischen Nah- und Fernfeld eine Rolle. Denn „wird ein resonanter Transponder [...] in das magnetische Wechselfeld der Antenne des Lesegerätes gebracht, so entzieht dieser dem magnetischen Feld Energie"[39]. Bis hierher wird der Transponder wieder nur erkannt. Die Daten müssen der Trägerfrequenz also aufmoduliert werden.

Dafür gibt es wieder mehrere Möglichkeiten, die „ohmsche und kapazitive Lastmodulation"[40]. Bei ersterer wird im Transponder im Schwingkreis zusätzlich ein Widerstand, der so genannte Lastwiderstand, parallel geschaltet. „Das Ein- und Ausschalten eines *Lastwiderstands* [...] des Transponders bewirkt eine Veränderung der Impedanz [...]."[41] Dies führt wiederum zu einer Spannungsänderung im Lesegerät.

> „Steuert man das An- und Ausschalten des Lastwiderstandes durch Daten, so können diese Daten vom Transponder zum Lesegerät übertragen werden."[42]

Bei der kapazitiven Lastmodulation wird ein weiterer Kondensator im Takt der Daten parallel zum Schwingkreis des Transponders geschaltet, wodurch seine Resonanzfrequenz verändert wird, was ebenfalls zur Änderung der Impedanz führt und am Lesegerät detektiert und demoduliert werden kann.[43]

Im allgemeinen entspricht die Lastmodulation einer Amplitudenmodulation.

2.4.3 Modulierter Rückstrahlquerschnitt

Um Daten auch noch im Long-Range-Bereich, welcher im nächsten Kapitel beschrieben wird, zu übertragen, werden hier aktive Transponder, hier so genannte „(batteriegestützen) Backscatter-Transponder"[44], eingesetzt, da die benötigte Leistung für den Chip nicht übertragen werden kann. Bei diesen Systemen hat der Transponder keine Auswirkung auf das Feld des Lesegeräts mehr. Es müssen also andere Eigenschaften der Bauteile der Wellen oder Materialien genutzt werden.

Fest steht, „dass elektromagnetische Wellen von Materie [...] reflektiert werden".

---

[38] Finkenzeller, a.a.O., S.103
[39] Finkenzeller, a.a.O., S.47
[40] Finkenzeller, a.a.O., S.103
[41] Finkenzeller, a.a.O., S.47
[42] Finkenzeller, a.a.O., S.47
[43] vgl. Finkenzeller, a.a.O., S.105
[44] Finkenzeller, a.a.O., S.23

„Die Wirksamkeit, mit der ein Objekt elektromagnetische Wellen reflektiert, wird durch dessen *Rückstrahlquerschnitt* beschrieben."[45]

„Die *Reflexionseigenschaften* [...] der Antenne können durch Ändern der an die Antenne angeschlossenen Last beeinflusst werden." So werden die Reflexionseigenschaften ebenfalls durch einen im Takt der Daten hinzu geschalteten Lastwiderstand und somit auch die zurückgestrahlte Leistung verändert. Diese Änderung der zurückgestrahlten Leistung wird am Lesegerät detektiert und in Daten demoduliert.[46]

2.5 Reichweiten

Auch die Reichweiten der unterschiedlichen Systeme lassen sich wie oben bereits erwähnt in verschiedene Bereiche einteilen. Die drei Bereiche sind der Close-Coupling-Bereich, der Remote-Coupling-Bereich und der Long-Range-Bereich. Grundsätzlich hängt „die Reichweite der RFID-System [...] von der Art der Kopplung und der Energieversorgung ab"[47].

Beim Close-Coupling-Bereich reicht die Entfernung zwischen dem Lesegerät und dem Transponder nur bis zu 1cm. Hierbei werden „sowohl elektrische als auch magnetische Felder"[48] mit niedrigen Frequenzen verwendet. Aufgrund der geringen Reichweite dieser Systemvariante wird diese vor allem dort eingesetzt, wo große Sicherheitsanforderungen gestellt werden.

Der Bereich bis zu einem Meter wird Remote-Coupling-Bereich genannt. Bei diesen RFID-Systemen „wird nur das magnetische Kopplungsprinzip eingesetzt"[49], dessen Frequenzen hierbei vor allem auf 13,56MHz und 27,125MHz genormt sind.

Reichweiten bis 15 Meter liegen im Long-Range-Bereich. „Alle Long-range-Systeme arbeiten mit elektromagnetischen Wellen im *UHF-* und *Mikrowellenbereich*."[50] Genormte Frequenzen für diese Systeme sind somit 868MHz (UHF-Europa) sowie Mikrowellenfrequenzen von 2,5Ghz und 5,8GHz.[51] Mit passiven Transpondern erreicht man eine Weite von 3m. Um die Reichweite von 15m zu erreichen, müssen aktive Transponder verwendet werden, da nicht

---

[45] Finkenzeller, a.a.O., S.52
[46] vgl. Finkenzeller, a.a.O., S.53
[47] Bäumer, Klaus, a.a.O., S.3
[48] Finkenzeller, a.a.O., S.22
[49] Bäumer, Klaus, a.a.O., S.3
[50] Finkenzeller, a.a.O., S.23
[51] vgl. Finkenzeller, a.a.O., S.23

genügend Energie für den Betrieb des Chips übertragen werden kann.

2.6 Das Prinzip zusammengefasst

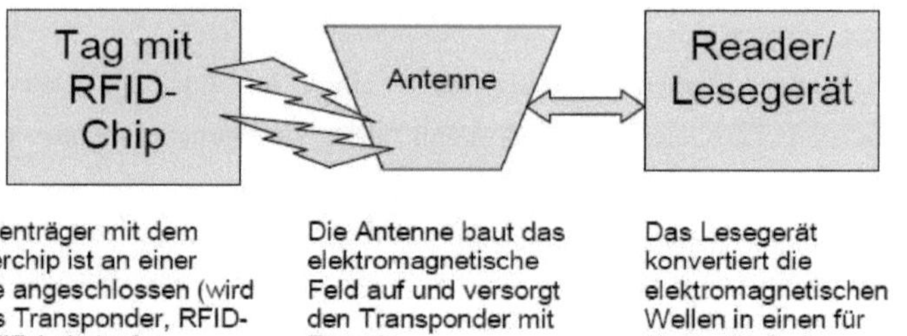

Der Datenträger mit dem Speicherchip ist an einer Antenne angeschlossen (wird auch als Transponder, RFID-Tag, RFID-Label oder intelligent Tag bezeichnet).	Die Antenne baut das elektromagnetische Feld auf und versorgt den Transponder mit Energie.	Das Lesegerät konvertiert die elektromagnetischen Wellen in einen für Computer lesbaren Datenstrom. [52]

3. Anwendung im Waren und Logistikbereich

Wie bereits aus den Texten oben hervorgeht, gibt es mehrere Arten von Transpondern und unzählbare Möglichkeiten diese einzusetzen. Doch wo genau kommt die RFID-Technik im Logistikbereich überall zum Einsatz?

Einer der wichtigsten und schon oft erwähnten Typen ist der 1-Bit-Transponder, welcher als Diebstahlsicherung, als EAS (electronic article surveillance) -Label, eingesetzt wird.

Eine weitere wichtige Aufgabe dieser Technik ist die Lagerwirtschaft. Früher musste alles „von Hand" geprüft und gezählt werden. Heute sind die Paletten mit RFID-Transpondern ausgestattet, welche den EPC (electronic product code) auf ihren Chips gespeichert haben. Der EPC kennzeichnet Waren eindeutig mit Hersteller, Bezeichnung, Inhalt, etc.. Werden neue Paletten angeliefert werden diese von einem fest installierten Lesegeräte erfasst und an die EDV weitergeleitet. Es kann nun alles elektronisch erfasst und in die EDV geleitet werden, auch Fehler der Lieferungen werden automatisch erkannt und angezeigt.

Auch der Kunde erhält einen neuen Service. So kann er mit seinem Einkaufswagen an einem Lesegerät, welches als Kasse dient, vorbeifahren, es erfasst den Inhalt und der Kunde kann bezahlen. Des Weiteren kann er durch intelligente Einkaufswagen auch zusätzliche Informationen zu dem von ihm gewählten Produkt bekommen.[53]

---

[52] Hudson, Barbara, http://www.fujitsu-siemens.de/Resources/212/1428781532.pdf (25.11.2007, S.1)

[53] nach Sabine Schrör, Cebit 2006: Funktechnologie im Fokus. In: Das Magazin der METRO Group Future Store Initiative - Morgenmacher, 01/06, S.11f.

Große Vorteile bringt es jedoch auch dem Handel, denn man weiß nicht nur welche Produkte generell noch im Hause sind, sondern mit Hilfe von intelligenten Regalen, wie sie zum Beispiel im Metro Future Store getestet werden, kann der Händler seine Kunden besser betreuen, da die Regale mit Lesegeräten ausgestattet sind und der EDV melden, ob die Ware eines bestimmten Regals zu neige geht, das Produkt verfällt oder nicht richtig einsortiert ist, wenn das Gut mit einem Transponder ausgestattet ist.[54]

Der gesamte Weg einer Ware durch die Logistikkette kann mit Hilfe von RFID lückenlos verfolgt werden.[55] Jedoch bestehen gerade im Einzelhandel Risiken, denn hier „ stehen die Aspekte des Datenschutzes und der Datensicherheit mehr im Vordergrund als die `Belastung´ durch die elektromagnetischen Felder"[56].

Doch nicht nur die Lager und der Einzelhandel profitieren von dieser Technik auch die Navigationstechnologie. So sind zum Beispiel am Hamburger Hafen nicht die Container - wie man vermuten könnte - mit Transpondern ausgestattet, sondern die fahrerlosen Lastwagen, welche die Container transportieren. Über 12000 im Boden eingelassene Transponder können sie ihre Position bestimme und so bestimmte Routen fahren.[57]

---

[54] vgl. RFID bei der METRO Group In: Die METRO Group und RFID - Information zur neuen Technologie im Handel, 10/05, S.13

[55] vgl. http://www.fujitsu-siemens.de/Resources/212/1428781532.pdf (25.11.2007) (S.2)

[56] Bäumer, Klaus, http://www.fgf.de/fup/themen/inhalte-themenforum/NL_01-05/RFID_Redselige_Plaettchen_01-05d.pdf (25.11.2007, S.5)

[57] vgl. Myrto-Christina Athanassiou, Die Grosse Überfahrt. In: Das Magazin der METRO Group Future Store Initiative – Morgenmacher, 01/06, S.81

4. Literaturverzeichnis

1) http://de.wikipedia.org/wiki/RFID (11.01.2008)

2) RFID-Handbuch, Grundlagen und praktische Anwendungen induktiver Funkanlagen, Transponder und kontaktloser Chipkarten, Carl Hanser Verlag München, 4. Auflage - August 2006

3) http://www.eda.fh-aalen.de/Projekte/identsyst/Dokumente/rfid.pdf (25.11.2007)

4) Bäumer, Klaus, http://www.fgf.de/fup/themen/inhalte-themenforum/NL_01-05/RFID_Redselige_Plaettchen_01-05d.pdf (25.11.2007)

5) Finkenzeller, Klaus, http://www.rfid-handbook.de/downloads/fs9819040.pdf (25.11.2007)

6) http://de.wikipedia.org/wiki/Eigenfrequenz (18.12.2007)

7) http://de.wikipedia.org/wiki/Resonanz_(Physik) (18.12.2007)

8) http://de.wikipedia.org/wiki/Resonanzfrequenz (18.12.2007)

9) Metzler Physik, Joachim Grehn (Hg.), Schrödel Schulbuchverlag, 2. Auflage - 1998

10) http://de.wikipedia.org/wiki/Induktive_Kopplung (01.12.2007)

11) Dorn-Bader Physik, Gymnasium Sek. 2 12/13, 2005, Schroedel-Verlag

12) Dobrinski/Krakau/Vogel, Physik für Ingenieure, B.G.Teubner Stuttgart, 1980

13) http://de.wikipedia.org/wiki/Kapazitive_Kopplung (01.12.2007)

14) http://www.radiomuseum.org/forumdata/upload/332-335_Sendeprinzipien.pdf (25.11.2007)

15) http://de.wikipedia.org/wiki/Impedanz (30.12.2007)

16) Hudson, Barbara, http://www.fujitsu-siemens.de/Resources/212/1428781532.pdf (25.11.2007)

17) Das Magazin der METRO Group Future Store Initiative – Morgenmacher, 01/06

18) Die METRO Group und RFID - Information zur neuen Technologie im Handel, 10/05

Abb.1: http://upload.wikimedia.org/wikipedia/commons/6/60/Harmonische_Schwingung.png

Abb.2: http://upload.wikimedia.org/wikipedia/de/b/ba/Schwingkreis.png

Abb.3: Finkenzeller, a.a.O., S.44

Abb.4: Finkenzeller, a.a.O., S.80

Abb.5: Finkenzeller, a.a.O., S.68

Abb.6: Finkenzeller, a.a.O., S.55

Abb.7: Finkenzeller, a.a.O., S.33